150 Problemas
de matemáticas para
4º de Primaria
TOMO I

Proyecto Aristóteles

Copyright © 2013 Proyecto Aristóteles

Todos los derechos reservados.

Quedan prohibidos, dentro de los límites establecidos en la ley y bajo los apercibimientos legalmente previstos, la preproducción total o parcial de esta obra por cualquier medio o procedimiento, ya sea electrónico o mecánico, el tratamiento informático, el alquiler o cualquier otra forma de cesión de la obra sin la autorización previa y por escrito de los titulares del copyright.

ISBN: 149537551X
ISBN-13: 978-1495375514

A Cornelia.

CONTENIDOS

Para comenzar   i

1   Problemas   1

2   Epílogo   Pg 37

PARA COMENZAR

El blasón del Proyecto Aristóteles es el proverbio *usus, magíster egregius* (la práctica es el mejor maestro). El dominio de cualquier disciplina, incluidas las matemáticas, sólo puede adquirirse a través del ejercicio variado y constante. Éste es el motivo por el cual presentamos nuestra serie especial de problemas para Cuarto de Primaria. Los problemas constituyen un tipo de actividad que presenta sus dificultades específicas. Para superarlas no basta con dominar con soltura las reglas básicas de la aritmética sino que se precisa una capacidad de planificación estratégica de los cálculos y operaciones que llevan a la consecución del resultado.

1. El depósito de líquido anticongelante de un coche tiene una capacidad de 6 litros. Si las botellas de anticongelante tienen una capacidad de 500 centilitros, ¿cuántas botellas necesitaremos para llenar el depósito?

2. Un coche cuesta en España 20.948 euros, en Francia 21.948 euros y en Alemania 22.948 euros. ¿Dónde es más caro comprarse un coche?

3. Juan ha ganado 38.940 euros en 2011, 39.498 euros en 2012 y 39.384 en 2013. ¿En qué año ha ganado más dinero?

4. En un país se plantaron 35.682 árboles en 2011, 34.582 árboles en 2012 y 35.582 árboles en 2013. ¿En qué año se plantaron más árboles?

5. Un garaje en Madrid cuesta 45.893 euros, en Barcelona 48.398 euros y en Cáceres 43.389 euros. ¿En qué ciudad es más caro comprar un garaje?

6. Una finca en Andalucía cuesta 89.546 euros, en Castilla León cuesta 89.456 euros y en Murcia 89.465 euros. ¿Dónde es más barato comprar una finca?

7. En un municipio tenían 894.640 euros de presupuesto en 2011, 894.460 euros en 2012 y 894.646 euros en 2013. ¿En qué año ha tenido menos euros de presupuesto?

8. En 2010 se asfaltaron 788.932 metros de carretera, en 2011 se asfaltaron 788.392 metros, en 2012 788.293 metros y en 2013 778.392. ¿En qué año se asfaltaron más metros de carretera?

9. Si tengo 800.000 euros, ¿puedo comprar una casa que vale 80.010 euros?

10. Si tengo 800.100 euros, ¿puedo comprar un chalet que vale 90.010 euros?

11. En la piscina A caben 389.573 litros de agua y en la piscina B caben 398.537 litros. ¿En qué piscina caben más litros de agua?

12. En el taller A pueden fabricarse hasta 560.302 camisas al año y en el taller B pueden fabricarse hasta 560.320 camisas al año. Si tenemos que fabricar 560.315 camisas, ¿qué taller escogeremos?

13. En el camión A cabe un máximo de 617.000 kilos y en el camión B cabe un máximo de 671.000. Tenemos que subir un pedido a cada uno de estos camiones. ¿Qué pedido cabe en cada uno?

Pedido 1: 580.900 kilos. Camión ……..

Pedido 2: 650.030 kilos. Camión ……..

14. En el almacén A caben hasta 893.560 cajas y en el almacén B caben hasta 983.560 cajas. Tenemos que meter dos grupos de cajas en cada uno de ellos. ¿Qué grupo cabe en cada almacén?

Grupo de 893.250 cajas. Almacén ....

Grupo de 936.035 cajas. Almacén ....

15. En el barco A caben hasta 450.679 contenedores, en el barco B cabe un máximo de 460.597 contenedores y en el barco C caben hasta 470.576 contenedores. Tenemos que colocar tres grupos de contenedores. ¿Qué grupo subiremos a cada barco?

Grupo de 445.679 contenedores. Barco ......

Grupo de 470.056 contenedores. Barco ......

Grupo de 456.897 contendores. Barco ......

16. En la caja fuerte A pueden guardarse hasta 908.394 euros, en la caja fuerte B pueden guardarse hasta 983.940 euros, en la caja fuerte C pueden guardarse hasta 939.430 euros y en la caja fuerte D hasta 903.940 euros. Si tenemos cuatro montos de dinero, ¿qué monto podemos guardar en cada una?

17. Aproxima a decenas de millar la población de los siguientes municipios:

-Talavera de la Reina: 88.755 habitantes.

-Ferrol: 71.997 habitantes.

-Vich: 41.191 habitantes.

-Burjasot: 38.175 habitantes.

-Ibiza: 49.768 habitantes.

-Huesca: 52.296 habitantes.

18. Aproxima a centenas de millar la población de las siguientes ciudades:

-Fuenlabrada: 198.132 habitantes.

-Móstoles: 206.031 habitantes.

-Vigo: 297.355 habitantes.

-Zaragoza: 679.624 habitantes.

-Sevilla: 702.355 habitantes.

-Córdoba: 328.841 habitantes.

19. Aproxima a centenas de millar la población de las siguientes ciudades:

-Algeciras: 116.971 habitantes.

....

-Cartagena: 216.655 habitantes.

....

-Palma de Mallorca: 407.678 habitantes.

....

-Málaga: 567.433 habitantes.

....

-Valladolid: 311.501 habitantes.

....

-San Sebastián: 186.409 habitantes.

....

20. Si Julia tiene 45 años, Agustín tiene 38 y Elena tiene 30, ¿cuántos años tienen entre los tres en total?

21. Para ir a casa de Edgar he caminado 309 metros. Después he ido a casa de Rodrigo, que está a 284 metros de la de Edgar y luego he ido a casa de Nacho, que está a 568 metros de la de Rodrigo. ¿Cuántos metros he caminado hasta llegar a casa de Nacho?

22. Un médico ha ganado 2.309 euros en enero, 3.940 euros en febrero y 1.093 euros en marzo. ¿Cuántos euros ha ganado en total en estos tres meses?

23. En el disco duro de Marisa hay 40.593 archivos, en el de Victoria hay 38.406 y en el de Cayetano 85.930 archivos. ¿Cuántos archivos en total hay en sus discos duros?

24. Un futbolista ha ganado 590.369 euros el año pasado y 402.940 euros este año. ¿Cuántos euros ha ganado en total estos dos años?

25. Una secretaria ha escrito 304.968 palabras en el año 2011, 204.956 en 2012 y 194.464 en 2013. ¿Cuántas palabras ha escrito en los últimos tres años?

26. Un cliente tiene ahorrados 670.394 euros en la cuenta del banco y saca 3.940. ¿Cuántos euros quedan en la cuenta?

27. En un hospital había 20.496 enfermos. Al cabo de un mes dieron de alta a 3.940 y el mes siguiente a 10.496. ¿Cuántos quedaron en el hospital?

28. En un almacén hay 490.468 kilos de madera. Un incendio destruye 390.469. ¿Cuántos kilos de madera quedan?

29. Un cable de cobre tiene una longitud de 830.463 centímetros. Ayer cortamos 204.980 y hoy 102.936. ¿Cuántos centímetros de cable quedan?

30. En un taller hay 703.956 tuercas. El año pasado se usaron 30.496 y este año 600.254. ¿Cuántas tuercas quedan en el taller?

31. Un ganadero produce 820.496 litros de leche al año en su granja. Durante enero vendió 39.046, durante febrero 405.974 y durante marzo 60.238. ¿Cuántos litros de leche sigue teniendo el ganadero?

32. El dueño de una tienda ha ganado 39.506 euros en un año. Si ha gastado 12.094 en los sueldos de los dependientes pero ha ganado 2.390 en la lotería, ¿cuánto dinero tiene?

33. Leire y Sergio deciden donar dinero. Leire ha ganado 39.044 euros y ha donado 593 euros. Sergio ha ganado 20.946 y ha donado 349 euros. Después de hacer esas donaciones, ¿cuántos euros les quedan a ambos en total?

34. En una granja hay 683.489 pollos. Si se han llevado 309.464 en un camión pero han traído 45.029, ¿cuántos pollos hay ahora en la granja?

35. En una fábrica se confeccionan 229.406 trajes cada año. Se meten en un camión 39.406 y se llevan al almacén 58.045. Si se fabrican 190.353 trajes más, ¿cuántos trajes hay ahora en la fábrica?

36. Un barco transporta 530.463 contenedores. En un primer puerto descarga 20.935 contenedores y suben 4.905 al barco. En un segundo puerto descarga 9.062 contenedores y suben 302.905 al barco. ¿Cuántos contenedores hay ahora en el barco?

37. Un tramo de vía tiene 20.935 metros. Se amplía 59.203 metros más pero al cabo de un año se quitan 19.035 metros porque estaban en mal estado. ¿Cuántos metros tiene ahora el tramo de vía?

38. En un parque hay 90 nidos y en cada nido hay 8 pájaros. ¿Cuántos pájaros hay en el parque?

39. Si Cecilia se lava los dientes 4 veces al día, ¿cuántas veces se habrá lavado los dientes al cabo de 94 días?

40. En una tienda se venden 378 artículos al día. ¿Cuántos artículos se habrán vendido al cabo de 7 días?

41. Un museo tiene 5 salas y 202 cuadros en cada sala. Si al cabo de un año tiene el doble de cuadros, ¿cuántos cuadros tendrá el museo ahora?

42. Eduardo tiene 3.094 euros, Soraya tiene el doble de euros que Eduardo y Teresa tiene el doble de euros que Soraya. ¿Cuánto dinero tiene Teresa?

43. Angélica ha ganado 92.035 euros en la lotería pero Sandra ha ganado el doble. ¿Cuántos euros han ganado en la lotería en total entre las dos?

44. En una tienda se venden 9 teléfonos móviles cada hora y cada uno de ellos vale 309 euros. Al cabo de 8 horas, ¿cuánto dinero se ha ganado en la tienda?

45. Una central de energía produce 39.044 unidades de energía cada hora. Si funciona durante 8 horas al día, ¿cuánta energía habrá producido al cabo de 6 días?

46. En un almacén hay 8.023 banquetas con 3 patas cada una y 6.029 sillas con 4 patas cada una. ¿Cuántas patas en total podremos contar en el almacén?

47. Francisco ha recibido un premio de 8.923 euros. Su tío tiene el doble de esa cantidad pero ha perdido 293 euros. ¿Cuántos euros tienen entre los dos?

48. Un lavavajillas puede lavar cada hora 78 cucharas, 29 tenedores y 109 cuchillos. ¿Cuántos cubiertos en total habrá lavado al cabo de 9 horas?

49. Una barca puede transportar 28 personas. Esa barca hace 4 viajes cada 2 horas. ¿Cuántas personas habrá transportado al cabo de 6 horas?

50. En un garaje hay 2.305 coches y cada uno de ellos tiene 4 ruedas. También hay 290 bicicletas y 5.903 motos. Si las bicicletas y las motos tienen dos ruedas, ¿cuántas ruedas en total podremos contar en el garaje?

51. En una liga participan 78 equipos y en cada equipo juegan 11 jugadores. ¿Cuántos jugadores participan en la liga?

52. Si cada día tiene 24 horas, ¿cuántas horas tienen 31 días?

53. En un avión viajan 903 pasajeros. Al cabo de 54 viajes, ¿cuántos pasajeros habrán viajado en el avión?

54. Si cada hora tiene 60 minutos, ¿cuántos minutos habrán pasado al cabo de 390 horas?

55. Si tenemos 81 fresas y queremos repartirlas en tres cajas, ¿cuántas fresas debemos poner en cada caja?

56. He gastado 45 céntimos en 9 chicles, ¿cuántos céntimos vale cada chicle?

57. Sara decide repartir 687 euros entre Carla, Lola y Mónica. ¿Cuántos euros recibirá cada una?

58. María ha recorrido 31.088 metros en bicicleta y Rebeca ha recorrido la mitad. ¿Cuántos metros ha recorrido Rebeca?

59. Concha tiene 6.900 euros ahorrados, Gonzalo tiene la mitad que Concha y Jimena tiene la mitad de los euros que tiene Gonzalo. ¿Cuántos euros tiene Gonzalo?

60. El dueño de una carnicería cobra 3.978 euros al mes y su empleado cobra un tercio de esa cantidad. ¿Cuánto cobra el empleado?

61. Un coche ha recorrido 87.390 metros y una motocicleta ha recorrido la mitad. ¿Cuántos metros han recorrido en total entre los dos vehículos?

62. En un frigorífico industrial guardamos 67 docenas de huevos. Si queremos sacar la misma cantidad de huevos durante 4 días, ¿cuántos huevos tenemos que sacar cada día?

63. En una ciudad hay 948.628 personas. Si en cada casa viven 4 personas, ¿cuántas casas hay en la ciudad?

64. Tenemos que plantar 750.627 semillas en macetas. En cada maceta caben 9 semillas, ¿cuántas macetas necesitamos?

65. En unos grandes almacenes entran 450.294 personas cada año. Si sólo un tercio de estas personas compra un artículo, ¿cuántas personas entran sin comprar nada a los grandes almacenes?

66. Un hombre cultiva 893.404 ostras. La mitad de ellas no dará ninguna perla. Un cuarto dará 1 perla y el cuarto restante dará 2 perlas. ¿Cuántas perlas obtendrá?

67. En una viña se producen 73.050 kilos de uva cada año. Si se necesitan 5 kilos de uva para obtener un litro de vino, ¿cuántos litros de vino se producen al cabo de 2 años?

68. Un camión de basura hace 12 viajes y transporta 3.046 kilos de basura en cada viaje. Si sólo se recicla la mitad de la basura, ¿cuántos kilos de basura quedan sin reciclar?

69. En un sastrería hay un trozo de tela de 89.180 centímetros. Si se necesitan 490 centímetros para hacer un vestido y con cada vestido se ganan 40 euros, ¿cuántos euros se ganarán con el trozo de tela?

70. Un grupo de 409 personas se distribuye en filas de 10 personas. ¿Cuántas personas hay en cada fila?, ¿cuántas sobran?

71. Una tarjeta de regalo tiene 670 euros para gastar. ¿Cuántos artículos de 54 euros podremos comprar con ella?, ¿cuántos sobrarán?

72. Tenemos que guardar 485.170 naranjas en 9 almacenes. ¿Cuántas naranjas habrá en cada almacén?, ¿cuántas sobrarán?

73. Tenemos que subir 780.460 kilos de patatas en 6 barcos. ¿Cuántos kilos de patatas subiremos a cada barco?, ¿cuántos sobrarán?

74. Tenemos que distribuir 384 jugadores en equipos de 12 personas. ¿Cuántos equipos haremos?

75. Si tenemos 520 jarrones y podemos colocar 20 jarrones en cada sala, ¿cuántas salas necesitamos?

76. En una carretera de 238 kilómetros tenemos que colocar un poste cada 34 metros. ¿cuántos postes colocaremos?

77. Tenemos 5.772 huevos y tenemos que colocarlos en cajas donde caben 12. ¿Cuántas cajas necesitamos?

78. Tenemos que repartir 1.088 litros de vino en tinajas de 34 litros de capacidad cada uno. ¿Cuántas tinajas necesitamos?

79. Un profesor tiene que repartir 5.336 folios entre 58 alumnos. ¿Cuántos folios recibirá cada uno?

80. Tenemos que meter 8.216 judías en ollas y en cada una caben 79 judías, ¿cuántas ollas necesitamos?

81. En un libro se han escrito 8.304 líneas de texto y en cada página caben 48 líneas. ¿Cuántas páginas tiene el libro?

82. Tenemos 62.093 horquillas y tenemos que guardarlas en cajas de 63 horquillas cada una. ¿Cuántas cajas necesitamos?, ¿cuántas horquillas sobran?

83. Adela gana 1.095 euros cada mes. Si quiere gastar lo mismo cada día de febrero de un año bisiesto, ¿cuántos euros gastará?, ¿cuántos euros le sobrarán?

84. De una cantera se sacan 850 kilos de mármol cada hora. Si al día se trabaja durante 8 horas y se necesitan 35 kilos de mármol para decorar una casa, ¿cuántas casas podrán decorarse al cabo de un día?

85. Si en un año se producen 60.496 kilos de aceitunas, ¿cuántos kilos se producen al día si el año tiene 365 días?

86. Un ejército de 5.100 guerreros se distribuye en legiones de 340 guerreros cada una. ¿Cuántas legiones tendrá el ejército?

87. Una fábrica de gomas de borrar produce 4.770 gomas al mes. Si se guardan en cajas de 530 gomas, ¿cuántas cajas de gomas produce al mes?

88. En un sendero de 2.286 metros se quiere construir una casa cada 254 metros. ¿Cuántas casas se podrán construir?

89. Un joyero recibe 45.818 pepitas de oro. Si necesita 739 pepitas para fabricar un collar, ¿cuántos collares podrá fabricar?

90. Tenemos un trozo de tela de 60.408 centímetros. Para hacer una cortina necesitamos 839 centímetros. ¿Cuántas cortinas podremos hacer con ese trozo de tela?

91. Tenemos 38.400 kilos de manzanas que queremos repartir en cajas de 10 kilos. ¿Cuántas cajas necesitamos?

92. Gema y Rodrigo se han comprado una empanada. La han partido en 8 trozos. Gema se ha comido 2 de ellos y Rodrigo 5. Representa con una fracción lo que han comido cada uno de ellos.

93. Esperanza ha transportado un cuarto de las cajas del almacén y Beatriz ha transportado 2 cuartos. Representa con una fracción lo que ha transportado cada una. ¿Quién ha transportado más cajas? Representa con una fracción cuántas quedan en el almacen.

94. ¿Qué fracción de una semana (7 días) representan 2 días?

95. En un viaje de 9 minutos he estado sentada 4 minutos y de pie los restantes. Representa con una fracción cuántos minutos he estado sentada y cuántos de pie respecto de los minutos totales del viaje.

96. En un grupo de 8 niños, 2 son rubios, 3 morenos y 3 pelirrojos. Representa con una fracción el total de niños morenos y pelirrojos del grupo.

97. En una caja de media docena de huevos hemos usado 3 para el desayuno, 2 para la comida y 1 para la cena. Representa con una fracción el gasto de huevos en cada una de estas ocasiones. ¿Quéda algún huevo al final del día?

98. Una séptima parte de los niños de una clase no hacen ninguna actividad extraescolar. Representa con una fracción los niños de la clase que sí hacen alguna actividad extraescolar.

99. Tengo 4 pares de calcetines, 8 en total. Si uno de ellos se me ha perdido, representa con una fracción los calcetines que aún conservo.

100. Si se pincha una rueda de un coche, representa con una fracción las ruedas que siguen funcionando.

101. Tenía 7 flores plantadas en una maceta. Regalé una de ellas a mi madre y 3 se estropearon. Representa con una fracción las flores que quedan en la maceta.

102. He traído 5 bolígrafos del trabajo. He perdido 2 por el camino y he regalado otros 2. ¿Me queda algún bolígrafo? Represéntalo con una fracción.

103. Tengo que enviar 6 cartas. Por la mañana enviaré 2 y por la tarde 3. Representa con una fracción las cartas que me quedan por enviar respecto del total de cartas.

104. De un grupo de 45 personas, una quinta parte son rubios. ¿Cuántas personas son rubias en ese grupo?

105. Hemos tirado a la basura dos tercios de la comida que teníamos en el frigorífico. Si teníamos 60 kilos, ¿cuántos kilos hemos tirado?

106. Han podado las ramas de las dos octavas partes de los árboles que había en un parque. Si había 72 árboles, ¿cuántos quedan sin podar?

107. En un museo hay 592 cuadros y se sabe que dos cuartos de los cuadros son falsos. ¿Cuántos son auténticos?

108. Si hoy he tardado en recorrer 100 metros 29,3 segundos y ayer tardé dos décimas más, ¿cuántos segundos tardé ayer en recorrer 100 metros?

109. Tenemos 10 kilos de patatas y se han estropeado 6 kilos. Representa con una fracción los kilos de patatas que se han estropeado respecto de los totales y luego exprésalo con un número decimal.

110. Leticia mide 1,56 metros. Su hermano Gabriel mide 3 décimas más y Paula mide 4 centésimas menos que Leticia. ¿Cuántos metros miden Gabriel y Leticia?

111. Si la temperatura de Rebeca es de 36,44 grados y Leire tiene 7 centésimas más, ¿cuál es la temperatura de Leire?

112. Un trozo de tela tiene una longitud de 2,84 metros. Si recortamos 54 centésimas, ¿cuánto medirá ahora el trozo de tela?

113. Un camino tiene 5,67 kilómetros. Si hemos recorrido 4 décimas, ¿cuántos kilómetros nos quedan por recorrer?

114. El poste A tiene una longitud de 3,83 metros, el poste B mide 2 décimas más y el poste C mide 2 centésimas más. ¿Cuál es el poste más alto?

115. Hemos llenado la jarra A con 2,84 litros de agua. Si la jarra B tiene 23 centésimas menos y la jarra C tiene 5 décimas menos, ¿qué jarra contiene una menor cantidad de agua?

116. Sara pesa 67,73 kilos, Rosana pesa 5 décimas menos y Paloma pesa 51 centésimas menos. ¿Quién está más delgada de las tres?

117. Sergio ha levantado 48,56 kilos de peso, Marcelo ha levantado 4 décimas más y Gabriel 45 centésimas más. ¿Quién es el más fuerte de los tres?

118. En la granja de Tomás cada conejo come 6,43 kilos de zanahorias cada semana. En la granja de Diana comen 38 centésimas más y en la granja de Angélica 4 décimas más. ¿Quién tiene la granja donde los conejos comen más zanahorias?

119. El lunes hacía una temperatura de 28,39 grados. El martes subió 4 décimas y el miércoles bajó 35 centésimas. ¿Qué temperatura hizo el martes y el miércoles?

120. El sendero A tiene una longitud de 4,71 kilómetros. El sendero B mide 24 centésimas más y el sendero C mide 45 centésimas más que el sendero B. ¿Cuánto miden los senderos B y C?

121. Si el lunes hizo una temperatura de 34,46 grados, el martes bajó 2 grados y 32 centésimas y el miércoles hizo 3 grados y 2 décimas menos que el lunes, ¿qué temperatura hizo el martes y el miércoles?

122. En el año 2011 pesaba 72,58 kilos. En el 2012 engordé 3 kilos y 51 centésimas y en el 2013 pesaba 4 kilos y 3 décimas menos que en el año 2011. ¿Cuánto pesaba en el año 2012 y en el 2013?

123. Para coser el botón de un abrigo hemos empleado 1,28 metros de hilo. Para coser el botón de una chaqueta hemos empleado 2 décimas más y para coser el botón de un pantalón hemos empleado 36 centésimas más que para el botón del abrigo. ¿Cuántos metros de hilo hemos empleado en total?

124. Juan vive a 2,47 kilómetros de mi casa, Sandra vive 3 décimas más lejos que Juan y Andrés vive 21 centésimas más cerca de mi casa que Sandra. ¿Quién vive más cerca de mi casa?

125. Si César tiene 2 monedas de un euros, 4 monedas de 2 euros y 30 céntimos, ¿cuánto dinero tiene en total?

126. Si Verónica tiene 3 billetes de 15 euros, 7 monedas de 2 euros y un billete de 20 euros, ¿cuántos euros tiene en total?

127. Si tengo dos billetes de 20 euros y uno de 50 euros, ¿podré comprarme un mueble de 70 euros?, ¿me sobrará dinero?, ¿cuánto?

128. En mi hucha hay 56 euros y hay un billete y tres monedas, ¿qué valor tienen cada una de las monedas y el billete?

129. Un vestido cuesta 85 euros. Si he pagado con 5 billetes, ¿qué valor tenía cada uno de ellos?

130. Tengo en el bolsillo 453 euros y llevo tres monedas y cinco billetes. ¿Qué valor tiene cada una de las monedas y de los billetes que tengo en el bolsillo?

131. Lola paga 673 euros a un dependiente y entrega 8 billetes y tres monedas. ¿Qué valor tiene cada una de las monedas y de los billetes?

132. Ismael ha pagado el alquiler de su piso (864 euros). Para ello ha entregado 10 billetes y cuatro monedas. ¿Qué valor tiene cada una de las monedas y de los billetes?

133. Tengo que pagar un ordenador de 459 euros. Dime qué billetes y monedas puedo utilizar.

134. Rosana tiene que pagar una multa de 1.032 euros. ¿Qué billetes y monedas puede utilizar para ello?

135. Si tuviese que pagar 2.546 euros usando la mínima cantidad de billetes y monedas posible, ¿qué billetes y monedas tendría que usar?

136. Tengo que pagar una deuda de 598 euros usando la mínima cantidad de billetes y monedas posible. ¿Qué billetes y monedas debo usar?

137. Si Lola tiene 78 euros y 45 céntimos y Pilar tiene 12 euros y 36 céntimos, ¿cuántos euros y céntimos tienen entre las dos?

138. Si Virginia mide 1,23 metros y se pone zapatos con un tacón que le hace ser 45 centésimas más alta, ¿cuánto medirá ahora Virginia?

139. Esta es la lista de gastos de dos hogares. Decide qué hogar ha gastado menos:

Hogar A:

Lunes 23 euros y 10 céntimos, martes 15 euros y 34 céntimos, miércoles 75 euros y 36 céntimos.

Hogar B:

Lunes 39 euros y 23 céntimos, martes 5 euros y 12 céntimos, miércoles 2 euros y 52 céntimos.

140. Si ayer tenía en la cuenta 837,34 euros y he gastado 234,16, ¿cuánto dinero me queda?

141. Si un tramo de vía mide 4.349,56 metros y se amplía 2.309,23 metros, ¿cuánto mide ahora?

142. En el mostrador hay tres artículos por valor de 346,28 euros, 456,23 euros y 789,36 euros. ¿Cuánto valen los tres artículos en total?

143. Una tienda ha facturado 5.839,12 euros por la mañana y 4.859,36 euros por la tarde. Si por la noche un ladrón se lleva 3.402,13 euros, ¿cuánto dinero queda en la tienda?

144. Marta tiene 789,45 euros. Gana 378,41 jugando a la lotería y decide regalar 89,73 a su nieta Lucía. ¿Cuánto dinero le queda a Marta?

145. Un atleta da 6 vueltas a una pista de atletismo de 260 metros. ¿Cuántos metros ha recorrido en total?

146. Una avenida tiene 8 farolas y las farolas se colocan cada 25 metros. ¿Cuál es la longitud de la avenida?

147. Si un camino tiene 500 metros y puedo recorrer 25 metros cada minuto, ¿cuántos minutos tardaré en recorrerlo?

148. Un edificio tiene 81 metros de altura. Si cada piso se coloca a 9 metros de altura, ¿cuántos pisos hay en la casa?

149. Si mido 1,67 metros, ¿cuántos centímetros mido?, ¿cuántos decímetros?

150. Una goma de borrar mide 4 centímetros, ¿cuántos milímetros mide?

Proyecto Aristóteles

EPÍLOGO

¡Buen trabajo!

Acabas finalizar el Tomo I de la serie de Problemas para Cuarto de Primaria.
Si quieres continuar practicando consulta en tu librería, en Amazon o en nuestra web:

www.proyectoaristoteles.com

www.ingramcontent.com/pod-product-compliance
Lightning Source LLC
Chambersburg PA
CBHW070718180526
45167CB00004B/1520